V
Falc
3555

REPONSE
DE
MONSIEUR ***

A la Lettre de M. BOUGUER, sur divers points d'Astronomie-Pratique, & sur le Supplément au Journal Historique de M. DE LA CONDAMINE.

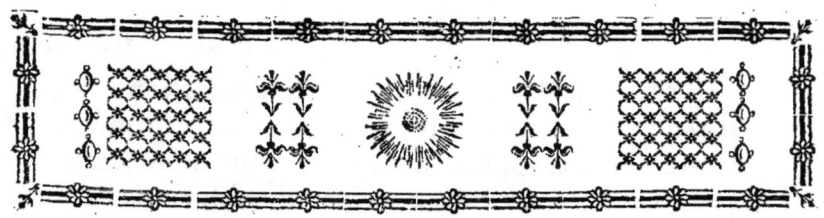

RÉPONSE
DE
MONSIEUR ***

A la lettre de M. BOUGUER, sur divers points d'Astronomie-Pratique, & sur le supplément au Journal Historique de M. DE LA CONDAMINE.

J'AI été aussi surpris que flatté, MONSIEUR, de recevoir une lettre de vous, n'ayant point l'honneur de vous connoître : mon étonnement a redoublé, en voyant qu'elle rouloit sur des matieres astronomiques, absolument neuves pour moi, quoique vous ayez la politesse de m'en supposer parfaitement instruit. Tant de gens portent, comme moi, le nom de ***, que j'ai tout lieu de croire que vous vous êtes mépris d'adresse. Vous parlez à un autre vous-même qui vous entend à demi-mot, qui vous devine ; pour moi, j'ai lu respectueusement votre Ouvrage sans y rien comprendre : j'ai seulement vu, que vous vous plaigniez beaucoup de M. de la Condamine ; & comme je le connois un peu, j'ai cru lui devoir demander quelque éclaircissement. Voici la réponse que je viens d'en recevoir de Plombieres où il est allé prendre les eaux.

J'ai l'honneur d'être, &c.

Signé ***.

A Plombieres, le 30 *Juin* 1754.

JE reçois, Monsieur, votre lettre à Plombieres, où je suis venu pour ma santé, & où l'on me recommande de fuir toute sorte d'application; mais vous touchez une corde propre à ébranler mes plus fortes résolutions. Votre lettre a presque fait sur moi l'impression que certains airs font, à ce qu'on prétend, sur les malades piqués de la Tarentule. J'ai eu besoin d'un grand effort pour résister à la tentation de vous répondre en détail, au risque de m'engager dans une réponse en forme, à la nouvelle lettre de M. B. qui vous a pris pour Monsieur ***. Heureusement je n'ai point apporté avec moi les livres qu'il me faudroit citer dans un pareil ouvrage: j'ai eu besoin de cette précaution pour ne pas oublier ma promesse, *de ne pas prouver une seconde fois ce que j'ai prouvé une*. C'est la protestation que j'ai faite dans les dernieres pages de ma réponse. Mais puisque vous ne l'avez pas lue, & que vous avez été frappé des griefs de l'auteur de la lettre, je ne puis vous refuser un petit nombre d'éclaircissemens, tels que la mémoire me les fournira. Je n'ai d'autres secours que quelques notes. Je les avois faites avant mon départ de Paris, en lisant la lettre à M. ***; & je ne songeois guères à en faire usage.

Vous cesserez d'être surpris, Monsieur, d'avoir reçu cet Ouvrage de la part de l'Auteur, & qu'il vous ait écrit sans vous connoître, quand vous sçaurez qu'il a eu la même attention pour la plupart des gens qu'il a cru de mes amis, le tout sans avoir jamais eu la moindre relation avec eux. Ils ont reçu, comme vous, cette nouvelle production avec une lettre circulaire très-pathétique: en voici, je crois, la raison; *le Supplément à mon Journal Historique*, étoit une réponse à un écrit précédent du même Auteur, intitulé, *Justification*, &c. Cette réponse plus longue que je n'eusse voulu, comptant que ce seroit la derniere, a trouvé plus de lecteurs que je ne l'espérois, d'un Ouvrage Polémique, sur des matieres où peu de gens sont versés; elle a fait une impression qu'il n'étoit pas aisé de détruire ; mais on pouvoit l'affoiblir. Combattre toutes mes preuves une à une, c'étoit une grande entreprise : garder le silence, c'étoit paroître abandonner la partie ; l'Auteur de la lettre a tenté de passer entre ces deux écueils : voyons avec quel succès.

Il écrit à M.***, une lettre divisée en deux parties, suivie d'un *post-scriptum* divisé en trois articles. Dans la première partie de la lettre, il prétend se justifier d'avoir accusé M. Cassini de s'être servi d'un secteur défectueux ; & il m'accuse d'avoir interprété témérairement son intention, en osant appliquer à ce sçavant Astronome des réflexions critiques générales où personne n'est nommé. Pour prouver toute l'étendue de mon tort, il déclare que c'étoit en effet M. Cassini & son secteur qu'il avoit eu en vûe dans l'endroit dont il s'agit. Ne me trouvez-vous pas bien coupable, & l'Auteur de la lettre bien justifié ? Il persiste à soutenir que M. Cassini a réellement commis l'erreur, dont j'ai vainement tenté de le disculper, en citant faussement & malicieusement une figure au lieu d'une autre ; quant à ce dernier point, il ne faut que des yeux pour s'en éclaircir (*a*).

Cette premiere partie de la lettre est ornée d'une Episode qui ne regarde que M. de Maupertuis. On l'accuse d'une erreur, contre les conséquences de laquelle il a eu soin de prévenir le lecteur, en remarquant très-expressément, *que l'inversion de l'instrument ne peut servir à reconnoître les erreurs qui proviennent de la flexion.* Je me

---

(*a*) Je renvoye dans mon Supplément, à la planche qui représente le Secteur de M. Cassini, dans son livre de la Figure de la Terre, partie I. Elle représente le Secteur qui lui servit à Collioure, au Sud de la méridienne, en 1704 ou 1705. Je n'ai pu douter, que celui qu'il employa depuis à Dunkerque en 1718, ne fût semblable au premier. Les deux rayons formés par les deux barres de fer qui comprennent l'arc, sont représentés au naturel dans la premiere figure, & ne sont que ponctués dans la seconde ; mais ces deux lignes ponctuées ne peuvent représenter que les deux barres de la premiere figure, & je n'ai pu les prendre pour autre chose, en supposant que le Graveur avoit voulu s'épargner une répétition inutile : de plus, M. Cassini, censeur de mon Ouvrage, ne m'ayant fait aucune objection sur ce que je supposois ses deux Secteurs semblables en ce point, je n'ai pu les présumer différens.

rappelle très-distinctement, que cette remarque se trouve dans son livre, *de la mesure du dégré au cercle polaire*, au bas d'une page, *folio recto*. Si vous voulez, Monsieur, des citations plus exactes, vous les trouverez prodiguées dans les marges de mon Supplément, qui n'a pas été fait à Plombieres en prenant la Douche. Je suis las de passer les nuits à vérifier des dates ; cela donne des rhumatismes, & je n'ai pas ici de quoi citer.

Ce reproche est suivi d'un autre qui s'adresse directement à moi. L'Auteur interpréte à son gré le silence que j'ai gardé sur un Ouvrage Polémique qui parut en 1738, en faveur des opérations du Nord pour la mesure du dégré. J'avois prévenu cette objection, en disant que je ne parlois point de ces opérations, n'ayant pas à les justifier, puisqu'elles n'étoient point attaquées dans l'Ouvrage auquel je répondois. Passons à la seconde partie de la lettre à M. ***.

Elle se réduit presque à une récapitulation de ce que l'Auteur avoit allégué dans sa *justification*, pour prouver que M. Picard avoit induit en erreur tous les Astronomes. J'ai mis cet article, ainsi que celui de mes certificats, dans un si grand jour, & l'Auteur effleure si peu mes preuves, que je ne pourrois que les répéter. Permettez-moi donc de vous y renvoyer, si vous voulez vous mettre au fait de cette controverse.

Au reste, remarquez bien, je vous prie, que soit que j'aie bien ou mal justifié M. Picard, M. Cassini, M. Godin, les deux Officiers Espagnols, & tous les Astronomes modernes, également attaqués, peu importe à ma cause. Tout cet article est une digression ajoutée à ma réponse, pour ne la pas borner à une dispute purement personnelle. La cause des Astronomes ne me regardoit, (*a*) qu'autant que j'avois avancé, que *quand même ils n'auroient pas expliqué assez en détail toutes les précautions qu'ils ont prises dans leurs opérations*, je me garderois bien d'en

(*a*) Voy. Préface de mon Journal Historique.

conclure, comme M. B. qu'ils n'en avoient pris aucune. Or je m'en rapporte à M. *** lui-même, quelque ami qu'il soit de l'Auteur de la lettre, pour juger si j'ai prouvé cette assertion, ou même si elle avoit besoin de preuve.

La seconde partie de la lettre contient encore une assez longue dissertation sur une méprise que l'Auteur m'attribue, en érigeant une équivoque en contradiction. Le détail me meneroit trop loin; mais en convenant de tout, pour abréger, l'erreur ne tomberoit que sur un accessoire, qui ne fait rien à l'objet principal de notre contestation. Ce seroit une note & quelques lignes à retrancher, de ce que l'Auteur de la lettre appelle mon gros volume, qui n'en deviendroit guères plus court, & qui lui paroîtra trop long, tant qu'il en restera une phrase.

Je viens au *post-scriptum* : cette apostille presque aussi longue que les deux parties de *la lettre en deux parties*, est elle-même divisée en trois articles, & contient diverses remarques sur mon *Supplément*.

L'Auteur ne fait encore que rebattre ce qu'il a dit dans sa *Justification*. Il ne quitte point ce ton de maître : c'est l'effet d'une longue habitude; mais je le lui passe en faveur des condisciples auxquels il m'associe. Il fait la revue de mon Supplément. Du ton dont il débute, je m'attendois à lui voir moissonner des erreurs ; il se contente d'y glaner avec peu de succès. Il releve certaines expressions qui me donneroient beau champ pour la réplique, si je voulois m'étendre : il me fait dire ce que je n'ai jamais dit, & alors il me répond d'une façon victorieuse : il n'est occupé qu'à donner le change au lecteur (*a*). Il semble

___

(*a*) Je n'en citerai qu'un seul exemple : j'ai dit dans mon Supplément, que mon livre sur *la mesure du Méridien* avoit été lu manuscrit ou en feuilles, avant qu'il fût publié, par dix ou douze Académiciens, sçavoir tous les Astronomes de l'Académie, & tous ceux qui ont eu part aux mesures de la Terre, M. B. seul excepté. J'ai ajouté que le livre de M. B. n'avoit été vu avant sa publication, que de deux Commissaires très-éclairés, à la vérité, mais qui n'étoient, ni de la classe de l'Astronomie, ni du nombre de ceux qui avoient mesuré les dégrés.

A

avoir pris au pied de la lettre mon conseil, *de nier pour le plus sûr, les faits, les dates, les citations, puisque personne ne s'avisera de vérifier* (*a*). Il reproduit, comme nouveaux, plusieurs fragmens de mes lettres qu'il a déja cités, que j'ai discutés mot à mot, & si pleinement éclaircis, que mon Supplément, dont la derniere partie est publiée il y a plus de six mois, peut, sans y rien changer, former une réplique complete à l'écrit fait pour le réfuter. Vous en serez convaincu, MONSIEUR, si vous prenez la peine de le lire. Vous avez bien lu la lettre à M. *** sans y rien comprendre ; ayez la même complaisance pour moi, peut-être serez-vous plus heureux. N'oubliez pas, je vous prie, les articles de la lettre à M Clairaut, & du Mémoire sur les observations de Chimboraço, auxquels l'Auteur a l'intrépidité de revenir. Voyez s'ils laissent rien à desirer, & si la vérité ne perce pas à travers les nuages dont on l'enveloppe : encore un mot sur ce dernier article, pour la faire sortir dans tout son jour.

Dans le Mémoire sur les attractions Newtoniennes, tel que je l'envoyai en 1739, & tel qu'il fut lu & paraphé en

---

J'ai dit que l'Académie m'avoit demandé, comme à M. B. un extrait de mon travail sur la mesure du Méridien, & que cet extrait, qui est celui de mon livre, avoit été imprimé dans nos Mémoires de 1746, malgré les oppositions réitérées de M. B. De ces faits notoires, autentiques, ou prouvés par pièces justificatives, j'ai conclu qu'on ne pouvoit dire que l'Académie n'eût pas connoissance d'un livre dont elle avoit adopté l'extrait ; j'ai dit les raisons qui m'ont empêché de demander des Commissaires dans la *forme ordinaire*, & d'imprimer sous le privilége de l'Académie, à quoi l'impression faite au Louvre, par ordre du Roi, peut bien suppléer. Voilà des faits circonstanciés, qui ne renferment ni équivoque, ni exposition captieuse. L'Auteur de la lettre ne peut, ni les nier, ni les détruire ; il ne lui restoit qu'à les obscurcir. Que fait-il ? Il dissimule tout ce que je viens d'alléguer, & feignant de me répondre, il dit que 60 personnes, (c'est-à-dire, les Académiciens de tous les ordres) peuvent attester que mon livre n'a été, ni lu, ni approuvé par l'Académie. S'il eût ajouté ces mots, *dans la forme ordinaire*, tout étoit éclairci, mais ce n'étoit pas son but. Voilà de quelle maniere il instruit le lecteur, & c'est ainsi qu'il me réfute.

Je supprime plusieurs autres notes, aussi décisives que celles-ci que j'ai faites à la hâte, en lisant la lettre à M. ***, & que j'avois dessein de joindre ici ; mais comme elles n'étoient que pour moi, j'aurois besoin pour les rédiger, d'avoir sous les yeux tous les écrits pour & contre, que je me suis bien gardé d'apporter.

(*a*) Voy. Résumé du Journal Historique, page derniere.

mon absence à l'Académie, par M. de Mairan, j'exposois diverses méthodes proposées par M. B. j'ajoutois que le terrein ne nous avoit pas permis de les employer dans notre expérience ; mais que nous y avions suppléé par un autre moyen. Je ne m'en donnois pas pour l'Auteur, pour éviter une ostentation puérile ; mais de tous les moyens que je rapportois, c'étoit le seul que je n'attribuois pas à M. B. Pourquoi cette exception unique? Pourquoi, lorsque je lui communiquai mon écrit, ne se plaignit-il pas de ce que je ne lui faisois pas honneur de ce moyen-là, comme des autres ? En faut-il davantage pour décider qu'il m'appartient, quand même l'addition que j'ai lue en pleine Académie au mois de...... 1751, en présence de la partie intéressée, ne seroit pas admissible aujourd'hui, sous prétexte que je négligeai de la faire parapher, ainsi que plusieurs ratures qui ne tiroient pas à conséquence? Précaution que je ne songeai pas à prendre, parce que je n'avois essuyé aucune contradiction de M. B. dans la nouvelle lecture qu'il avoit exigée. Peut-être quelqu'un des Académiciens à qui je fis remarquer son silence, auquel je ne m'attendois pas, s'en souvient-il encore ; mais j'ai déclaré que je ne voulois mêler personne dans notre dispute. Je n'ai donc plus de témoins à produire : cependant entre deux personnes également croyables, la présomption est pour celle qui affirme. La raison en est évidente : pour affirmer un fait faux, il faut être un imposteur ou un insensé ; pour nier un fait vrai, il suffit d'un défaut d'attention ou de mémoire. Ce dernier est plus vraisemblable que l'autre : on peut oublier un fait, mais on ne peut se souvenir de ce qui n'a jamais été. La présomption est donc en ma faveur. Je ne me prévaudrai point de cet avantage, & je consens qu'on croye dans le cas présent, que celui qui nie, puisse aussi peu se tromper que celui qui affirme. Que s'ensuivra t-il de là? Que l'un de nous deux, emporté par son amour propre, oublie qu'il parle ici contre sa conscience. Eh bien, puisque l'Auteur de la lettre le veut abfolument, je conviendrai de la conféquence; puis je pouffer la complaifance plus loin?

Autant il a foin dans fon nouvel écrit, de répéter tout ce qui peut préfenter fa caufe fous un afpect favorable, & de reproduire des fragmens déja cités de mes lettres, en diffimulant mes réponfes; autant il eft attentif à garder le plus profond filence fur les points les plus décififs, tels que celui de fon *Mémoire à jamais fecret*, que je l'ai tant de fois fommé de mettre au jour, & qui feroit fi propre à terminer nos difputes, & à prouver s'il a tout prévu, comme il s'en vante, avant que d'avoir rien exécuté, fi les remarques d'Optique conteftées font de lui ou de moi, &c.

Ne fe laffera-t'il point de donner des fcènes au Public qui fe rit d'une conteftation, où les parties font feules intéreffées. Nous fommes d'accord fur le feul point qui mérite attention, fur la mefure du degré qui faifoit l'objet de notre voyage. Je communiquai mon dernier réfultat à M. B. en Amérique, au commencement de 1743; je ne l'ai point changé depuis, & il ne differe pas d'une feconde du fien (*a*), dont je n'ai été informé que par les gazettes, en décembre 1744, à mon arrivée en Hollande. Quel peut donc être le but de l'étrange procès qu'il m'intenta quatre ans après mon retour, pendant lefquels nous n'avions pas eu le moindre démêlé, & qui dure depuis fix ans? Si vous l'ignorez encore, MONSIEUR, le voici.

Ce n'eft pas à moi qu'il en vouloit. Nous avions obfervé tous deux conjointement, ou du moins en correfpondance. (Remarquez que j'évite adroitement le terme de *concert* (*b*), de peur de faire tomber l'Auteur en fincope,) il ne contefte point la validité de mes dernieres obfervations; fes exemples & fes fautes m'avoient éclairé. L'unique but qu'il fe propofoit, étoit de retenir une place au

___

(*a*) Voy. Mém. de l'Académie, la figure de la Terre de M. B. & ma mefure du Méridien.

(*b*) Voy. Supplément, Partie II, article du concert avec reftriction.

Temple de Mémoire, en perſuadant au Public, qu'aucun Aſtronome ſans exception, n'avoit ſçu avant lui obſerver la diſtance verticale d'une étoile au zénith; ſurtout que toutes les obſervations, tant celles de M. Godin, notre chef d'ambaſſade à l'Equateur, que celles des deux Officiers Eſpagnols qui ont opéré avec lui, péchoient par le principe; & que celles des autres Obſervateurs, ſi elles étoient exactes, ne l'étoient que par hazard. J'ai fait voir dans mon Supplément, ſur quel fondement portoit ce reproche, & que celui qui ſe piquoit d'avoir révélé à tous les Aſtronomes de l'Univers, le ſecret d'éviter quelques ſecondes d'erreur, en avoit commis une de ſon invention, de près d'une demie minute pour ſon coup d'eſſai. Toutes ſes batteries étoient dirigées depuis long-temps contre M. Godin, il n'attendoit que ſon retour pour les faire jouer; mais voyant que notre Ancien aimoit mieux aller jouir en Eſpagne des honneurs & des récompenſes qui devoient couronner ſes travaux (a), que de paſſer ſa vie à diſputer en France ſur le parallélifme (b) de la lunette, il a bien fallu chercher un prétexte pour s'annoncer comme le reſtaurateur de l'Aſtronomie; & l'orage qui menaçoit M. Godin, eſt tombé ſur moi, dont on eſpéroit avoir meilleur marché. Vous ſçavez le reſte : en voilà bien aſſez, & peut-être trop, pour le lieu & les circonſtances dans leſquelles je vous écris. J'ai l'honneur d'être, &c.

(a) M. Godin eſt aujourd'hui Directeur perpétuel de l'Académie des Gardes de la Marine à Cadix, avec le grade de Colonel, & des appointemens proportionnés à ces titres.

(b) Le parallélifme de la lunette, eſſentiellement & néceſſairement ſuppoſé dans la conſtruction d'un inſtrument d'Aſtronomie, a de plus été expreſſément recommandé par M. Caſſini, dont j'ai cité les paroles. Il en eſt de même de la néceſſité de diriger l'inſtrument dans le plan du Méridien. Les réflexions de M. B ſur le plus ou le moins d'importance de ces deux précautions dans les différens cas, peuvent être utiles, & l'on peut y en ajouter beaucoup d'autres; mais j'ai prouvé que ce qu'il avoit dit de nouveau ſur cela, n'étoit pas néceſſaire; & que ce qu'il avoit dit de néceſſaire, n'étoit pas nouveau, puiſqu'on avoit avant lui des régles ſûres pour bien obſerver les diſtances d'une étoile au zénith.

FIN.

www.ingramcontent.com/pod-product-compliance
Lightning Source LLC
Chambersburg PA
CBHW071436060426
42450CB00009BA/2209